图说缤纷海岛

刘康 主编

中国海洋大学出版社

·青岛·

图书在版编目（CIP）数据

图说缤纷海岛 / 刘康主编. — 青岛：中国海洋大学出版社，2021.1

（图说海洋科普丛书：青少版 / 吴德星主编）

ISBN 978-7-5670-2759-6

Ⅰ. ①图… Ⅱ. ①刘… Ⅲ. ①岛—青少年读物 Ⅳ. ①P931.2-49

中国版本图书馆CIP数据核字(2021)第005688号

图说缤纷海岛

TUSHUO BINFEN HAIDAO

出版发行 中国海洋大学出版社

社　　址 青岛市香港东路23号　　邮政编码 266071

出 版 人 杨立敏

网　　址 http://pub.ouc.edu.cn

订购电话 0532-82032573（传真）

责任编辑 张　华

照　　排 青岛光合时代文化传媒有限公司

印　　制 青岛海蓝印刷有限责任公司

版　　次 2021年3月第1版

印　　次 2021年3月第1次印刷

成品尺寸 185 mm × 225 mm

印　　张 5.75

印　　数 1~5000

字　　数 80千

定　　价 26.00元

启迪海洋兴趣　扬帆蓝色梦想

是谁，在轻轻翻卷浪云？

是谁，在声声吹响螺号？

是谁，用指尖舞蹈，跳起了“走进海洋”的圆舞曲？

是海洋，也是所有爱海洋的人。

走进蓝色大门，你的小脑袋瓜里一定装着不少稀奇古怪的问题——“抹香鲸比飞机还大吗？”“为什么海是蓝色的？”“深潜器是一种大鱼吗？”“大堡礁里除了住着小丑鱼尼莫，还住着谁？”“北极熊为什么不能去南极企鹅那里做客？”

海洋爱着孩子，爱着装了一麻袋问号的你，她恨不得把自己的

一切告诉你，满足你的好奇心和求知欲。这次，你可以在本丛书斑斓的图片间、生动的文字里寻找海洋的影子。掀开浪云，千奇百怪的海洋生物在“嬉笑打闹”；捡起海螺，投向海洋，把你说给“海螺耳朵”的秘密送给海流。走，我们乘着“蛟龙”号去见见深海精灵；来，我们去马尔代夫住住令人向往的水上屋。哦，差点忘了用冰雪当毯子的南、北极，那里属于不怕冷的勇士。

海洋就是母亲，是伙伴，是乐园，就是画，就是歌，就是梦……

你爱上海洋了吗?

Foreword 前言

地球是一颗水球。蔚蓝色的大海上，缤纷的海岛散落其中，像是一颗颗闪烁着光芒的宝石，等待我们去发现。

你瞧，那一座座艳丽多姿的岛屿正向我们招手。让我们去探索奇妙的海岛，去感受充满艺术气息的巴厘岛，去拜访矗立着史前建筑的马耳他岛；让我们去畅游美丽的海岛，去领略富有童话色彩的马尔代夫，去欣赏珊瑚的王国大堡礁；让我们去体验椰风迷人的海南岛，步入长满热带水果的台湾岛，走进盛产七彩宝石的斯里兰卡。

现在，让我们一起踏上畅游海岛的快乐旅程吧！

Contents 目录

奇趣海岛

大海上，有些岛屿蒙着神秘的面纱，奇妙而有趣。这里有久远精妙的史前建筑，有绚丽精美的宗教艺术，有原始古老的“女儿国”……它们到底有多神秘？一起去探索吧！

千庙之岛——巴厘岛

巴厘岛是印度尼西亚一座风景如画的小岛，岛上的风俗文化丰富多彩。因为神庙众多，巴厘岛被人们称为“千庙之岛”。

宗教

巴厘岛上90%的人信仰印度教，寺庙和神像遍布岛上各个角落。海神庙是巴厘岛上的著名寺庙，涨潮时会被海水完全包围。

海神庙

千姿百态的神像

岛上最大寺庙布撒基寺被称为“千庙之母”

舞蹈

巴厘岛的古典舞蹈优雅迷人，巴厘岛人有着与生俱来的舞蹈天分。

石雕制作

雕塑

巴厘岛的雕刻工艺精湛，木雕和石雕随处可见。

精美的木雕工艺品

精美的石雕工艺品

制作木雕

巴厘岛的绘画

传统的蜡染绘画工具

绘画

胶、矿物颜料和粗麻布使得巴厘岛的绘画艺术别具一格，具有浓郁的巴厘岛特色。绘画内容反映的主要是岛上的自然风光和居民的生活场景。

长寿之国——斐济群岛

斐济群岛位于南太平洋上，由320个岛屿组成。斐济人健康长寿的秘密以及当地奇特的风俗，吸引着人们前来一探究竟。

斐济清新洁净的自然环境

斐济人爱吃杏仁、杏干，其中的维生素和微量元素有助于保护心脏、增强人体免疫力、延缓衰老。

癌症很少光顾的地方

斐济群岛的水质保护得很好，岛上居民的平均寿命在70岁左右，患癌率极低，是名副其实的长寿之国。斐济人的健康长寿，与当地环境、饮食、生活习惯等因素息息相关。

斐济人每天以快乐的心情享受生活，这也是他们长寿的秘诀之一。斐济人爱吃荞麦，荞麦中含有丰富的维生素和对人体有益的其他成分。

斐济人爱吃荞麦。

笑口常开的斐济人

男人穿裙子

在斐济，男人有穿裙子（当地称为“SOLO”）的习惯，警察和士兵们日常执行公务时也着裙装，成为斐济独特的人文景观。

人人把花戴

这里与众不同的风俗还有男女老少爱戴花。据说，把花戴在左边表示未婚，戴在右边表示已婚，与西方国家戴戒指的风俗类似。红花（即扶桑花，或称木槿花）是斐济的国花，每年8月斐济都要举行为期一周的红花节。

在斐济，摸他人的头是禁忌。

戴帽子你别来

在斐济有一个特殊的规矩，那就是不能戴帽子，也不能摸小孩的头，只有村长才有戴帽子的特权。摸他人的头，被认为是对其最大的羞辱。如果你去斐济旅游，不仅不能戴帽子，甚至连太阳镜也不能戴。

泉水之岛——牙买加岛

牙买加岛，位于加勒比海西北部，是加勒比海上的第三大岛，它在牙买加语里有一个动听的名字——泉水之岛。这里不仅有惊险刺激的海盗故事，更有清新的空气、翠绿的棕榈树以及热情洋溢、友善好客的原住民。

曾经的海盗之都

在 17 世纪，牙买加岛一度被加勒比海盗占领。直到 1692年，一场大地震引发的海啸，才让岛上的海盗一蹶不振。如今，这座风光秀丽的岛上已难寻海盗踪影。

牙买加岛深受旅行者喜爱

地震中幸存的海盗大宅——“歪屋”

骑马下海是牙买加岛颇受欢迎的体育项目。

热爱体育的国家

牙买加人热衷体育，板球、足球、田径和赛马都是当地流行的体育项目。在奥运会上，牙买加运动员的田径成绩总是让人刮目相看。

百米飞人博尔特是牙买加最著名的体育明星。

盛装出席狂欢庆典的牙买加女孩

浓郁的非洲文化

当年，由于西班牙殖民者贩卖黑奴，使黑人逐渐成为岛上的主要居民。现在，无论衣食住行还是音乐、舞蹈，人们都能感受到牙买加岛上浓郁的非洲气息。

雷鬼音乐发源于牙买加，它融合了美国蓝调的抒情曲风和拉丁音乐元素，风格独特，最能体现牙买加精神。

牙买加人鲍勃·马利是雷鬼音乐的鼻祖。

工人们正在精心挑选咖啡豆。

盛产咖啡的小岛

牙买加蓝山山脉出产的蓝山咖啡，是世界上最香醇的咖啡之一。蓝山咖啡产量少，价格昂贵。

受欢迎的蓝山咖啡

企鹅王国——马尔维纳斯群岛（福克兰群岛）

马尔维纳斯群岛（英国称其为“福克兰群岛”），简称“马岛”，位于南美洲的最南端，由两个大岛和700多个小岛组成。岛上平均气温为5℃，有丰富的牧草、种类繁多的海鸟，其中就有上百万只企鹅，是耐寒动物的天堂。

马岛的“主人”

在马尔维纳斯群岛上，大量企鹅自由自在地生活着。它们是这里的“主人”。主要有王企鹅、巴布亚企鹅和麦哲伦企鹅三种。

爱吃磷虾的白眉企鹅——巴布亚企鹅

咖啡色的小家伙是王企鹅的宝宝。

姿态优雅、性情温顺的“绅士”——王企鹅

头上有白色圆环的是麦哲伦企鹅。

一只王企鹅正在海浪中嬉戏。

另类的企鹅生活

在人们的印象中，企鹅总是生活在冰天雪地里，但是在马尔维纳斯群岛上，它们却生活在沙滩上和草地里。

虽然马岛被称为“通往南极的大门”，但是这里的企鹅却没有见过南极的冰雪。

马岛上的绵羊

牧羊的王国

马岛上的草地大多用于牧羊。岛上有70多万只绵羊，每年能生产羊毛200多万千克。因此，畜牧业是岛上居民的主要经济来源。

女儿国——密克罗尼西亚群岛

密克罗尼西亚群岛由2000多个岛屿构成，是南太平洋三大群岛之一。这里不仅风光秀美，而且保存着独特的风俗文化。由于女性在当地的地位很高，这里更是被称作“女儿国”。

女性地位高

密克罗尼西亚人的祖先在4 000多年前从东南亚迁到岛上。在欧洲文明入侵之前，岛上仍然是母系社会，氏族领导权掌握在女性手里。

密克罗尼西亚群岛的女性地位很高。

极具感染力的传统草裙舞和竹竿舞

岛上原住民曾经的货币

岛上的原始风情

密克罗尼西亚群岛上仍然保留着原始的风土人情，这里有极富民族特色的音乐、舞蹈和手工艺品。传统的草裙舞姿态优美，巨大的石币和壮观的石头城堡令人称奇。

岛上居民主要是棕色皮肤、黑色头发的密克罗尼西亚人。

谜一样的兰马多石头城堡

哈加琴姆神庙是岛上最复杂的巨石建筑之一。

史前建筑之岛——马耳他岛

马耳他岛，是地中海上的交通要塞，面积只有248平方千米。这里因发现许多巨石制成的史前建筑而闻名。这些建筑宏伟而又精妙，引领我们探索古代文明的奥秘。

神秘的史前建筑

1902年，马耳他岛上的居民发现了一座地下洞穴，里面竟然有一座庞大的巨石建筑。之后，人们又发现30多处史前建筑遗迹。它们全部用巨石砌成，外形壮观，设计精巧。据考古学家推断，这些巨石建筑是与宗教有关的神庙。

马耳他岛上的巨石建筑

5 000多年前，聪明的古代人是怎样建造它们的呢？

科学家经过测量发现，“太阳神庙”蒙娜亚德拉神庙是一座太阳钟，可以用石柱上太阳的影子指示时间。

精妙的史前建筑

马耳他岛上的这些史前建筑，有着精妙的设计，有的可以放大声音，有的可以指示时间。在这些建筑中，你还能看到美丽的雕刻花纹和造型奇特的雕塑。

代表女性特征的雕塑，反映着古代人高超的雕刻工艺。

哈尔萨夫列尼地下宫殿中的回音室可以放大声音。

“太阳神庙”展示模型中可以清楚地看到太阳的影子是如何指示时间的。

未知的轨迹

在马耳他岛上还有一些形状奇特的轨迹，最深的有72厘米，一直延伸到海边。有人说它是车轮的轨迹，但它的宽度又不总是相同；有人说它是搬运建造神庙的巨石压过的痕迹，但它离最近的神庙还有1 000多米。

神秘的轨迹

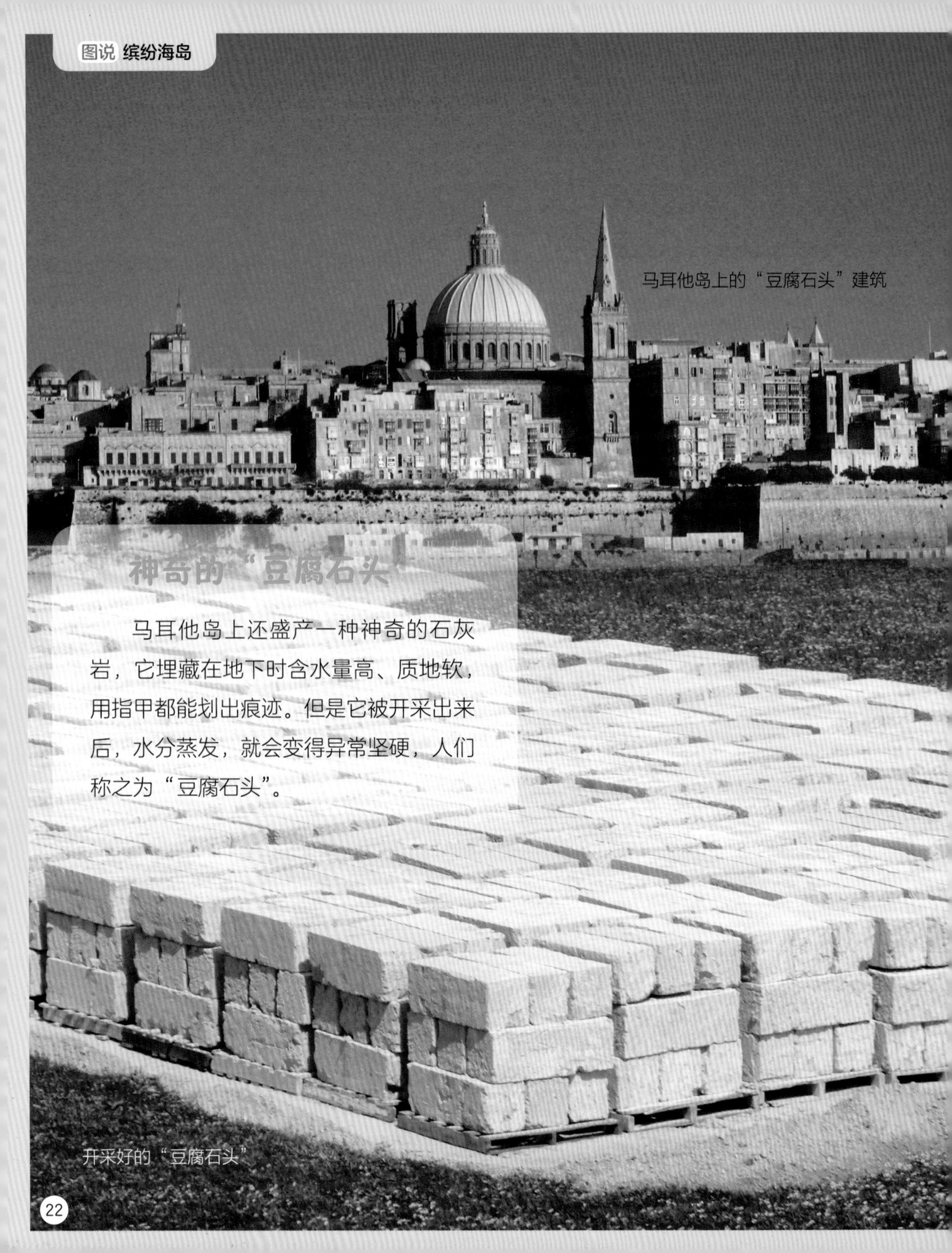

马耳他岛上的“豆腐石头”建筑

神奇的“豆腐石头”

马耳他岛上还盛产一种神奇的石灰岩，它埋藏在地下时含水量高、质地软，用指甲都能划出痕迹。但是它被开采出来后，水分蒸发，就会变得异常坚硬，人们称之为“豆腐石头”。

开采好的“豆腐石头”

美丽天堂

热情的海岛是美丽的天堂。五彩的珊瑚，翠绿的椰林，别样的建筑……让我们一起，投身大海的怀抱，去感受那纯净、梦幻的海岛风情吧！

年轻的火山岛——涠洲岛

涠洲岛位于中国广西壮族自治区，是中国最大、最年轻的火山岛。岛上的火山景观千姿百态，是一件件水与火雕琢出来的艺术品。

由于独特的地质景观，涠洲岛被确立为国家地质公园。

火山岛奇观

在涠洲岛，火山爆发形成了许多火山岩。它们形态各异，色彩鲜艳，层层叠叠，记录下了火山活动的痕迹。

滴水丹屏是岛上的著名景点，因岩壁上经常有水滴下而得名。

五彩滩是另一处景点，因为黑色的火山石铺满一地，又被形象地称为“芝麻滩”。

火山岩——独特而壮观的火山遗迹

岛上的天主教堂就地取材，由珊瑚、岩石和竹子等建成。

天主教堂和灯塔

岛上有两处标志性建筑——建于清代的天主教堂和建于2002年的涠洲岛灯塔。

可俯瞰全岛风光的涠洲岛灯塔

四季童话——北海道

在日本的北端，有一座美丽的岛屿。那里四季分明，梦幻的色彩构成了童话般的四个季节。雄伟的山脉、美丽的花海、动人的雪景……大自然以丰富的表情迎接人们的到来。它就是日本第二大岛——北海道。

松前公园是北海道最有名的赏樱地。

春

樱花是日本的国花，春天的北海道是绿色和粉色交织的童话。万物开始复苏，粉色的樱花带来了春天的讯息，绿色的山脉透着生命的气息，盛开的芝樱盈满了人们的眼睛。

知床半岛是北海道东部一座小半岛，被联合国教科文组织认定为世界自然文化保护遗产，拥有绝佳的自然生态和自然景观。

漫山遍野的芝樱花给芝樱公园铺上了粉紫色的地毯。芝樱不是樱花，而是一种贴着地面生长的小草花，其花瓣和樱花很像，所以称为“芝樱”。

香甜可口的薰衣草冰淇淋

夏

夏天的北海道是一个彩色的童话。空气中弥漫着薰衣草的芳香，花海像彩带一样跳跃着铺向远方。伴着飞舞的花瓣，快来夏天的童话世界里跳舞吧！

夏天北海道的花田

稻草人是“四季彩之丘”的吉祥物。

富良野花田农场里有日本最大的薰衣草花田。薰衣草是一种蓝紫色的有香味的植物，除了可供观赏，还有治病和美容的功效，甚至可以被做成美味的甜点呢！

秋

秋天的北海道是一个金色的童话。叶子从绿色到黄色再到红色，交织出浓烈的画面，金光闪闪的湖面倒映着岸边的秋色，美妙的夜景平添了人们的惊叹与想象……

阿寒湖畔绚烂的秋日景象

大雪山国立公园是日本最大的国立公园，也是日本最早能看到红叶的地方，因冷暖温差大，树叶的颜色格外美丽。

北海道南部港口城市函馆以每晚百万美金打造的夜景而著名。函馆夜景被称为“世界三大夜景”之一。

冬

冬天的北海道是一个纯白色的童话。粉雪、流冰、冰雕给它带来了灵气，还有精致的小镇装点着雪白的大地。

创意十足的冰雕里镶嵌着鱼、虾、蟹，可爱又有趣。

札幌冰雪节是北海道札幌市的传统节日。

浪漫小镇——小樽迷人的雪景

北海道有世界闻名的优质粉雪。所谓粉雪并非粉色，而是指其质地柔软松散，特别适合滑雪 。

流冰是一种运动冰。每年冬季，北风将它从俄罗斯吹到北海道一带。美丽的流冰是北海道冬天最具代表性的景观之一。

人间天堂——马尔代夫

马尔代夫群岛，位于赤道附近的印度洋上，由26组环礁、1 192个珊瑚岛组成。这里气候温暖、纯净、浪漫，是一个美丽的人间天堂。

碧海、蓝天和白沙

马尔代夫的海水，纯净得像婴儿的眼睛。

马尔代夫的蓝天，映衬着珍珠般的小岛。马尔代夫的沙滩，细白柔软。

众多美丽的小岛星罗棋布，宝石般镶嵌在蔚蓝的大海中。

多尼船是这里最具特色的交通工具，主要取材于椰子树。

令人神往的水上屋

水上屋是马尔代夫最独特的建筑，由茅草屋顶和木头墙壁组成，固定在海底的珊瑚礁上，凭借木桥连接到岸上。

布置温馨的水上屋

露台是水上屋的一大亮点。在这里，人们的生活真正与大海融为一体。

水上屋的屋顶用当地生长的棕榈树叶制成，既具本土特色，又环保耐用。

碧海银沙——长滩岛

长滩岛位于菲律宾群岛中部，形状像一根可爱的长骨头。东岸是连绵的珊瑚礁，西岸是柔软的白沙滩。这里洁白的沙滩被人们称为“世界上最细的沙滩”。

白色沙滩

长滩岛最美丽的是沿岸长长的白色沙滩，沙子细得像婴儿的爽身粉。在这里，你完全不需要穿鞋，赤脚走在沙滩上是件最惬意的事情。

由沙砾堆砌、雕琢而成的沙雕精致又可爱。

长滩岛上最美好的时光就在这洁净细软的沙滩上。

圣母岩礁上供奉着圣母的塑像，日夜守护着这片天地。

圣母岩礁

圣母岩礁是长滩岛的地标，因为上面供奉着圣母像而得名。退潮时，人们可以从沙滩直接走上去。站在上面，能眺望整片白色沙滩。

为了保存原始的风貌，岛上没有修建码头，游客只能在近岸涉水登陆。

与众不同的“螃蟹船”

螃蟹船

长滩岛的帆船与众不同，因样子像一只螃蟹，被称为“螃蟹船”。在海上航行时，它很像一只飞翔的大鸟。

珊瑚王国——大堡礁

大堡礁是世界上最大的珊瑚礁群，包括约900个海岛和2 500个岩礁，覆盖面积超过34万平方千米，是世界七大自然景观之一。大堡礁的海水中隐藏着一个巨大的珊瑚世界，还有一个奇特的海洋生物王国。

美丽的珊瑚世界

大堡礁水下生长着400多种色彩艳丽、造型各异的珊瑚，形成了一幅天然的艺术图画。

树形珊瑚

荷叶形珊瑚

珊瑚礁是由米粒大小的珊瑚虫的骨骼一代代堆积起来的。大约在2 500万年前，勤劳的珊瑚虫就开始建设美丽壮观的大堡礁了。

各种形状的珊瑚

在大堡礁，潜水是一种十分有趣的体验。

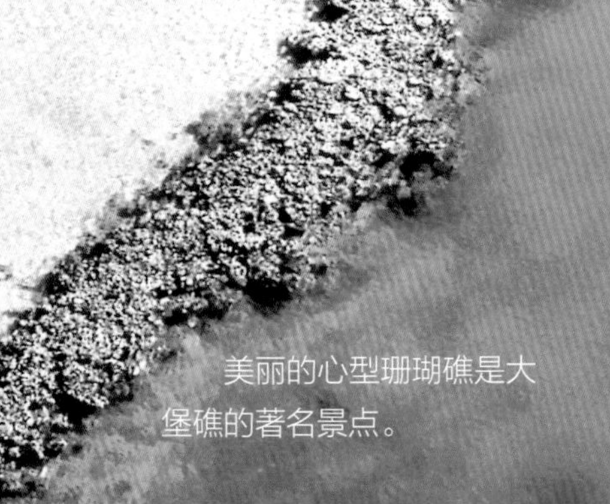

美丽的心型珊瑚礁是大堡礁的著名景点。

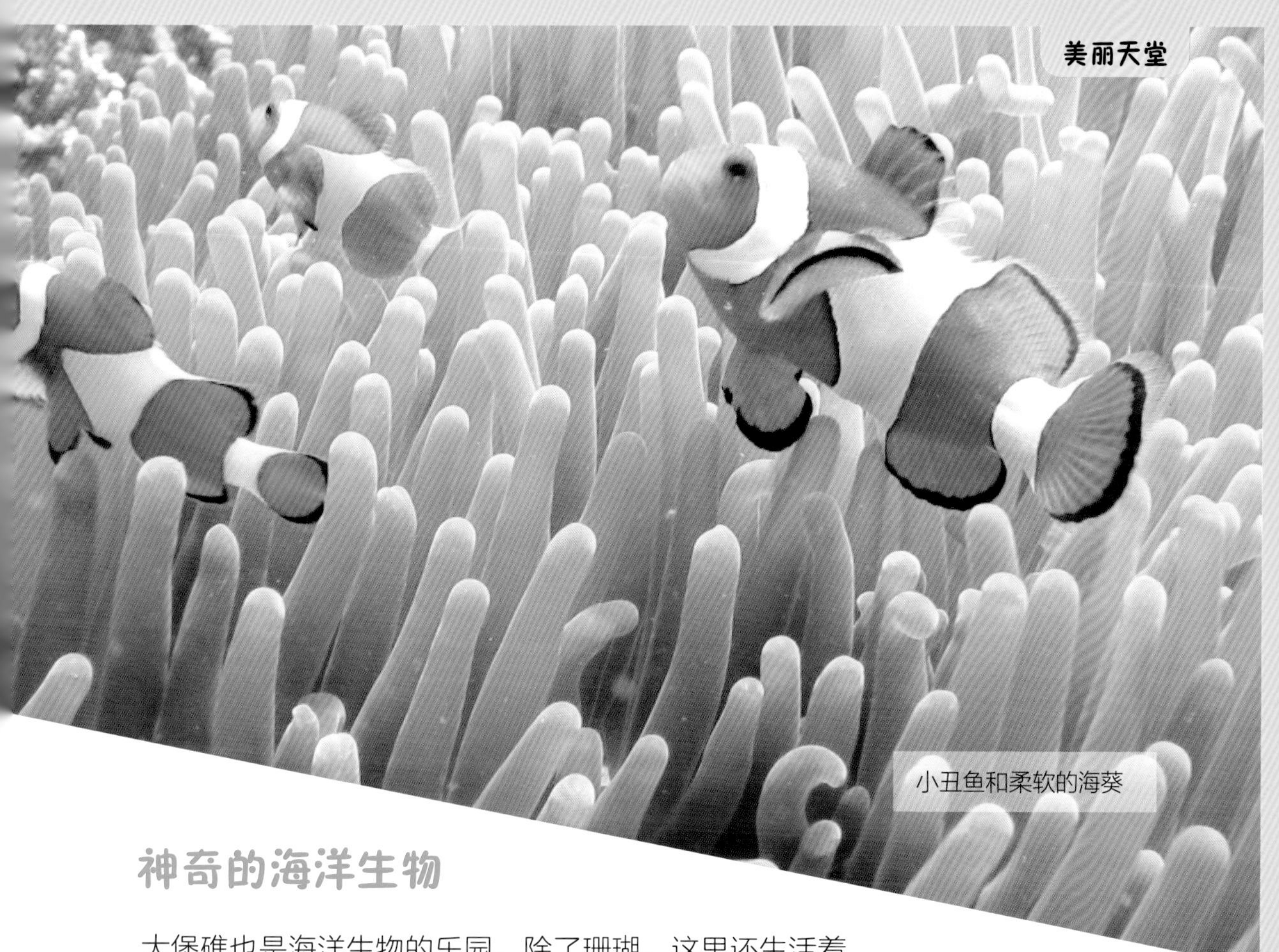
小丑鱼和柔软的海葵

神奇的海洋生物

大堡礁也是海洋生物的乐园，除了珊瑚，这里还生活着1 500多种鱼、4 000多种软体动物和许许多多的海龟和海鸟，它们组成了令人称奇的海洋生物王国。

蓝色的海星

大海龟

珊瑚虫本身是透明的，珊瑚之所以绚丽多彩是因为其体内的一种水藻——虫黄藻。近年来，全球变暖使虫黄藻离开珊瑚体或死亡，珊瑚正面临“白化”的威胁。

共同呵护大堡礁

由于全球变暖、海水污染和人为破坏等原因，大堡礁正在逐渐退化。这个美丽的自然瑰宝，需要我们共同保护。

爱琴海上的明珠——圣托里尼

圣托里尼是爱琴海上一座月牙形的岛屿。蓝天下，白色的小镇静卧在面朝大海的峭壁上。单纯的色彩、灵动的曲线，圣托里尼成为爱琴海上一颗璀璨的明珠。

白色的墙壁和蓝色的门

蓝与白编织的梦幻世界

圣托里尼最大的特色就是这里的蓝白建筑，纯净的颜色构成一个悬崖上的童话小镇。

白色的墙壁和天蓝色的栅栏

圣玛利亚教堂是圣托里尼的标志。这座建于1840年的圆柱形教堂，外形独特，白色的建筑配上蓝色的房顶，显得格外精致与神圣。

伊亚小镇的日落是世界上最美的日落之一。每当夕阳西下，金色的阳光洒落在海面和小镇上，艳丽无比。

地中海风情

圣托里尼地处文明古国希腊，这里洋溢着浓郁的地中海风情。

小毛驴仍然是窄窄街巷里的主要交通工具。

传统的希腊式庭院被鲜花和风车装点得精致而典雅。

这里的每一处角落都能感受到地中海浓郁的艺术气息 。

山谷之岛——毛伊岛

毛伊岛是美国夏威夷州的第二大岛，因翠绿的山谷而得名，也因壮美的火山而被誉为“最像月球的地方”。它拥有长长的海岸线、独特的红沙滩，还有带给人们观鲸乐趣的古老小镇。

针尖山是伊欧山谷的标志性景点。

伊欧山谷

“山谷之岛”因伊欧山谷而得名。郁郁葱葱的山谷，清新幽静，是一个适合徒步旅行的世外桃源。

茂密的热带雨林为毛伊岛穿上了绿装。

“太阳之屋”

毛伊岛上火山成群，形成了类似月球的独特地貌。岛上的哈雷阿卡拉火山是世界上最大的死火山，被人们称为“太阳之屋”。

“太阳之屋”上特有的植物银剑花，已经濒临绝种。

哈雷阿卡拉火山壮观的火山地貌，像极了月球表面 。

火山日出是一道壮丽的风景

捕鲸镇

毛伊岛上的小镇拉海纳被称为“捕鲸镇”。这里保留着19世纪小镇的特色，但捕鲸已成为历史，现在的拉海纳已是著名的观光地。每年11月，避寒的鲸鱼群便来到温暖的毛伊岛海域，吸引着人们前来观赏。

拉海纳码头停泊着准备出海观光和钓鱼的船只。

出海观鲸是最令人期待和兴奋的活动。

捕鲸博物馆里展示着巨大的鲸鱼骨架。

古老的拉海纳街道保留了19世纪小镇的味道。

红沙滩

相比马尔代夫的纯净，毛伊岛的海岸景色显得浓重艳丽。这里不仅有美丽而细长的海岸线，还拥有世界上罕见的红沙滩。

毛伊岛一个隐蔽的海湾里，拥有世界上极为罕见的红沙滩。在漫长的岁月里，火山岩中黑色的磁铁矿被氧化成红色，从而形成了红沙滩。

毛里求斯拥有世界上最清澈的海水。

原始乐园——毛里求斯

毛里求斯是位于印度洋西南部的岛国。洁净细软的沙滩、清澈的海水、彩色的泥土、奔放的舞蹈，还有那已经灭绝的渡渡鸟……走进毛里求斯，你会发现一个不一样的世界。

天堂的原乡

美国文学家马克·吐温曾经这样赞美：“上帝先创造了毛里求斯，然后仿造毛里求斯创造了天堂。”毛里求斯的美是原始的、纯净的。它被誉为“天堂的原乡”。

莫纳山是毛里求斯西南角的一个半岛，其玄武岩大裂缝曾是奴隶的避难所。2008年，莫纳山文化景观被列入联合国教科文组织世界遗产名录。

夏马尔七色土

没有人能准确地知道这里的土丘为何呈现出五彩缤纷的颜色。有人说是由火山灰在不同温度下冷却形成的，也有人说是由土壤中所含不同金属物质造成的。

观赏七色土的最佳时间为太阳初升时，这时候阳光明媚，土壤的颜色也更为明显。

热情奔放的塞卡舞

塞卡舞深受毛里求斯人喜爱，表现了他们的奔放、自由和热情。

塞卡舞是毛里求斯人生活的一部分。

已经灭绝的渡渡鸟

渡渡鸟是毛里求斯的国鸟。毛里求斯曾经是世界上唯一有渡渡鸟的地方。但是，因为人类的捕猎，这种鸟在17世纪末就灭绝了，这是毛里求斯人心中永远的痛。

渡渡鸟是一种体长约1米的巨型鸟，善于奔跑，不能飞翔。因其鸣叫时像是发出“嘟嘟”的音，所以被称为“渡渡鸟”。

富饶宝岛

富饶的宝岛，养育着岛上勤劳善良的人们。这些地球上的珍宝之地，生长着奇异的水果，埋藏着珍贵的宝石。它们散落在海洋上，是人类永远的瑰宝！

椰岛风情——海南岛

海南岛是中国第二大岛。郁郁葱葱的椰子树遍布全岛，形成了独特的椰岛风情。美丽的红树林守护着海岸，还有机灵可爱的猕猴在岛上和你打招呼！

椰子树

在海南岛，到处可见身材高大、果实累累的椰子树。椰子树是这里的吉祥树，为当地的人们遮风挡雨，提供滋养。

用椰壳做的手链

椰子全身是宝。椰皮能做燃料；椰壳能做工艺品；椰汁能喝，椰肉能吃；椰油还能做肥皂。

红树林是热带和亚热带海岸特有的水生植物群落，因属红树科而得名。红树林并不是一种红色的树木，它四季常青，终年碧绿。

红树林

红树林有“海岸卫士”的美称。在铺前港和东寨港之间10多千米的海岸上，红树林守卫着海南岛的北岸。

东寨港红树林自然保护区是中国第一个红树林保护区。

猕猴

海南岛是中国猕猴的主要栖息地。由于滥伐森林，岛上的猕猴数量曾急剧减少，后来经过保护，猕猴数量渐渐恢复。

猕猴是国家二级保护动物。

南湾半岛是海南岛上的“花果山”，已经被列为猕猴保护区。

可爱的猕猴正在调皮地嬉戏。

祖国宝岛——台湾岛

台湾岛是中国的第一大岛。宜人的气候、富饶的物产、多彩的文化，让它不愧为祖国的“宝岛”。

莲雾是一种有多种功效的佳果，台湾所产的莲雾品质最高。

缤纷的水果

位于热带和亚热带的台湾，水果品种繁多，味道甜美，色彩鲜艳。这里不仅有柑橘、香蕉、菠萝等常见水果，还有释迦、莲雾等水果，有“大果园”之称。

释迦又叫“番荔枝”，是最甜的水果之一。

市场上琳琅满目的水果

萝卜糕

蚵仔煎

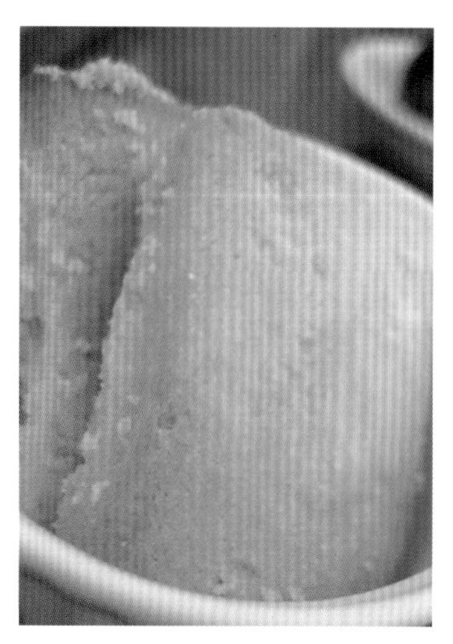

凤梨酥

美味的小吃

台湾的小吃汇集了各地特色，尤以台北士林夜市的小吃最有名。来到台湾，你一定不能错过夜市的小吃。

大肠包小肠

有百年历史的担仔面

士林夜市的小吃

台湾的客家山林因为油桐花的盛开，形成一幅幅如白雪点缀山头的特殊景观。油桐花在夏天盛开，被称为“五月雪”。

四季花香

适宜的气候，让鲜花成为台湾的主要物产之一。各种颜色的花儿四季不断，为宝岛披上了绚丽的彩衣。

台湾有“兰花王国”的美称，蝴蝶兰是其中的“花王”。

白色的蝴蝶兰

绣球花

深厚的文化

台湾有着悠久的历史和深厚的文化底蕴。少数民族众多且各具特色，中华民族的传统文化在岛上保留完好。虽然隔着一道海峡，但两岸同胞有着同样的根。

载歌载舞的台湾原住民

阿里山森林小火车

日月潭寄托着两岸人民的美好愿望。

台北“故宫博物院”建于1962年，典藏近70万件册的艺术品和文物，是古代中国艺术史和汉学研究的重要机构，中国三大博物馆之一。

台北“故宫博物院”

这里还是一个经济发达的现代化宝岛。

南海乐园——西沙群岛

西沙群岛位于中国南海西北部海域，由22个岛屿、7个沙洲和10多个暗礁组成，像颗颗珍珠浮于碧波之上。这里风景优美，物产丰富，是我国南海上的宝贵财富。

美丽的热带岛屿

西沙群岛位于热带。周边没有污染的海水澄澈见底，热带植物布满小岛。

清澈见底的海水

永兴岛是西沙群岛最大的岛屿，也是中国三沙市的政治中心。

七连屿像是串在一起的珍珠项链。

丰富的海洋生物

西沙群岛海域是一片未经开发的海洋“净土”，海洋生物种类繁多，海底世界五光十色。

自在闲游的海龟

西沙群岛的特产梅花参体长可达1米，体重可超过5千克，被称为“参中之王”。

海底的岩石上长满了形态各异的珊瑚。

被海浪冲上岸的海星颜色鲜艳。

丰富的水产资源

西沙群岛有中国主要的热带渔场。在这片富饶的海域中，鱼儿成群结队在珊瑚丛中穿梭，更有珍贵的水产物种让你大开眼界。

世界糖罐——古巴岛

古巴岛位于加勒比海西北部，属于热带雨林气候。这里阳光充足，雨水丰沛，适宜甘蔗生长。作为世界上出口蔗糖最多的地方，古巴岛被称为“世界糖罐”。

甘蔗和蔗糖

古巴一半以上的耕地种植甘蔗。所产甘蔗中蔗糖含量极为丰富。人们平时食用的白糖、红糖的主要成分都是蔗糖。甘蔗除了制蔗糖，还可以造纸和酿造甘蔗蜜酒。

先用甘蔗榨出红糖

再提纯加工成白糖

古巴的甘蔗每根接近2米长。古巴岛上独特的气候和土壤，使这里的甘蔗可以连续收割7年，含糖量最高可达15%。

朗姆酒和雪茄

古巴岛上另外两种特产是朗姆酒和雪茄。朗姆酒由甘蔗汁酿成，甘甜清冽。古巴是世界著名的“雪茄之乡”，肥沃的土壤让这里的烟叶气味浓郁芬芳。

朗姆酒一般被制成鸡尾酒饮用。

手工制作雪茄的传统工艺被保留下来。

古巴雪茄被称为世界上最好的雪茄。

好客的古巴人像朗姆酒一样热情。

古巴彩龟

珍稀的热带动物

地处热带的古巴岛上有许多独特而又神秘的动物，是当地宝贵的物种资源。

古巴鳄

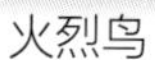

火烈鸟

古巴咬鹃

亚马孙鹦鹉

宝石之岛——斯里兰卡

斯里兰卡是印度洋上一座盛产宝石的富饶之岛。数不胜数的红宝石、蓝宝石和紫水晶，使这里成为一片美丽富庶的土地。

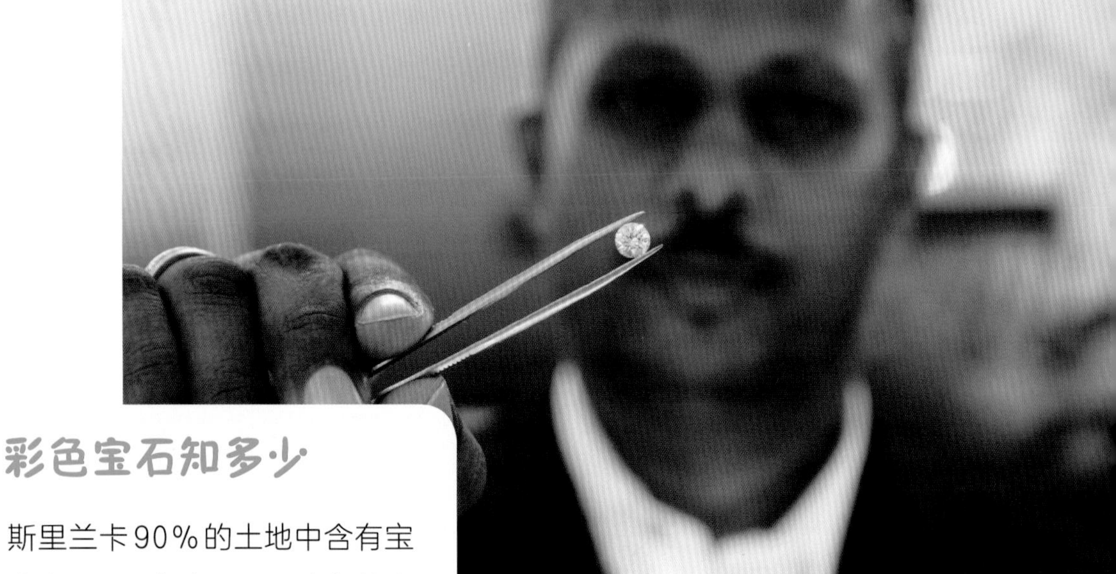

彩色宝石知多少

斯里兰卡90%的土地中含有宝石和半宝石，已经有2 500多年的宝石开采历史。其中蓝宝石、红宝石、猫眼石和月光石等都非常有名。

蓝宝石

猫眼石

月光石

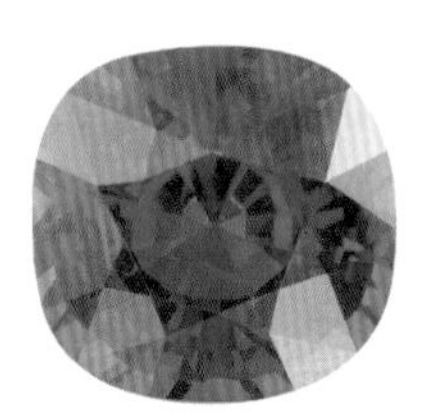

红宝石

宝石是怎样得到的

斯里兰卡的宝石散布在河床、湿地、农田和山脚下，深度为1.5～18米，可以通过岩壁挖掘和平地挖井的方式开采。

1. 在平地上开挖矿井 ⟶ 2.非常辛苦的井下挖掘工作 ⟶ 3.重要工序——“洗宝石”

4.从小石头中挑出宝石 ⟶ 5.精心打磨 ⟶ 6.光彩夺目的宝石

斯里兰卡文化

古老的壁画显示着斯里兰卡悠久的历史文化 。

佛教是斯里兰卡的国教，70%以上的居民信奉佛教。

斯里兰卡也是世界三大产茶国之一。

锡兰红茶是斯里兰卡的重要出口产品。

黄金宝库——所罗门群岛

南太平洋上的所罗门群岛由900多个岛屿组成。这里保持着原始的自然风貌，关于岛上埋藏着黄金宝藏的传说，更让它显得神秘、迷人。

神秘的“黄金宝库”

传说东方的海上有座宝岛，那里盛产黄金，古代君王所罗门曾在那里获取财宝。后来，人们在南太平洋上发现了一片富饶的岛屿，就把它命名为所罗门群岛。

虽然没有金山银山，但岛上90%的土地被森林覆盖，物产丰富。

尽管传说依旧，几个世纪以来，寻宝的人们并没有真正发现所谓的宝藏。

丰富的金枪鱼资源

所罗门群岛的金枪鱼资源丰富且产量很大，当地渔民每年能捕获8万多吨金枪鱼。

金枪鱼肉质鲜嫩，脂肪少，富含蛋白质，营养价值高，被称为“软黄金”。

岛上居民正在鱼市出售金枪鱼。

原始的海岛风情

神秘的所罗门群岛保持着原始的文化，岛上的渔村都建在森林之中。

岛上的人们穿着传统草裙，戴着用鲜花和草叶编织的饰品。

皮肤黝黑的原住民佩戴着天然饰品。

岛上的房子是高跷式的，高出地面，可以防止海水的侵袭。

葡萄酒之乡——西西里岛

西西里岛位于地中海中部，富饶秀美，历史悠久，是地中海上一颗闪耀的明珠。这里有悠久的葡萄酒酿制历史，是亚平宁半岛美名远扬的“葡萄酒之乡”。

西西里岛每年可以生产葡萄酒1.31亿瓶，是意大利最大的葡萄酒产地。

葡萄酒的诱人香气

西西里岛土壤肥沃，阳光充足，气候温暖，很适合葡萄的生长。早在3 000年前，这里就已酿造出了味道香醇的葡萄酒。

岛上的居民享受着葡萄丰收的喜悦。

岛上的雕刻艺术也展现着当地的文化。

岛上肥沃的火山灰保证了葡萄的丰收。

意大利的粮仓

西西里岛具有典型的地中海式气候。这里春秋两季气候温暖，夏季干燥，冬季潮湿，非常适合作物种植。

除了葡萄，西西里岛还盛产小麦、玉米、柠檬、柑橘、橄榄和棉花。丰富的物产，让这里成为意大利的粮仓。

地中海的心脏

西西里岛是地中海最大的岛屿，自古以来就是地中海的商贸中心。有人说："如果不去西西里岛，你就没到过意大利。"在西西里岛，你能发现纯正的意大利之美。

岛上的埃特纳火山是欧洲最高的活火山。

悬崖上的小镇陶尔米纳完整保留了中世纪的特色。

悠久的历史文化

西西里岛有5 000年的文明史，完美地融合了迷人的自然风光与人文景观。

带有历史印记的岛上建筑